Texto, ilustrações e capa: Flávio G. Vichinsky

Diagramação: Equipe Máquina Peluda

Dados Internacionais de Catalogação na Publicação

Vichinsky, Flávio Garcia.

A máquina de fazer palavras 2ª ed. / Flávio Garcia Vichinsky.

São Paulo – Archaia Grafi Editora, 2022.

ISBN 978-65-997718-1-1

1. Literatura Infanto-Juvenil I. Título. II. Autor

Índices para catálogo sistemático:

1. Literatura e Arte: Literatura infanto-juvenil B869.8

2022 – São Paulo - SP

A MÁQUINA DE FAZER PALAVRAS

Flávio Vichinsky

Flávio Vichinsky

A MÁQUINA DE FAZER PALAVRAS

Flávio Vichinsky

A MÁQUINA DE FAZER PALAVRAS

São Paulo
2022

Prefácio à segunda edição

Este livrinho continua sendo dedicado à Letícia, minha afilhada.

Mas, de modo diferente da primeira edição, desta vez decidi acrescentar as gravuras que não foram na primeira. São ilustrações que fiz em 2013, usando um computador e um software de edição bem básico que agora, juro, nem me lembro mais qual é. Talvez nem sejam tão boas, mas foi dessa maneira que eu imaginei o mudo de Zorenk... Personagens bem redondinhos.

Assim, agora espero que cada criança com idade entre cinco e cento e cinco anos, ao ler a história da máquina de fazer palavras, veja as ilustrações e mergulhe fundo na narrativa. E que, ao fazer isso, divirta-se bastante nesse mundo mágico que só a leitura pode proporcionar.

Bom divertimento, Letícia.

Bom divertimento, leitor amigo.

Flávio Garcia Vichinsky.

Abril de 2021.

A máquina de fazer palavras

Um planeta diferente

Zorenk era um planetinha localizado no Sistema de Ôntix. Belo planeta. Apesar de pequeno era muito bem arranjado, com muitas árvores, flores e outras belezas naturais. Como eram poucos, todos os habitantes se conheciam e trocavam gentilezas entre si:

- Bom dia, dona Zumink!

- Bom dia, senhor Zentrok. Como vai a pequena Zudilk?

Tudo era paz e harmonia entre os zorenkianos, os pequenos habitantes do planetinha mais formoso do sistema. E tudo era assim, tão bem arranjado, por causa da máquina de fazer palavras, uma engenhoca tão antiga, mas tão antiga, que quase ninguém mais se lembrava dela, ou da sua operadora, a Senhora Zofilka.

A máquina de fazer palavras

A Senhora Zofilka vinha de uma família muito antiga, muito antiga mesmo, tanto que a história deles se confundia com a daquele planetinha formoso. A Senhora Zofilka, última representante da família, trabalhava solitariamente no Zorilexicom, no alto da montanha mais alta de Zorenk, e tinha por tarefa operar a máquina.

A tal máquina de fazer palavras, diziam, fora dada como presente por uns viajantes que passavam pelo sistema de Ôntix. Eles disseram que, com aquela engenhoca, os zorenkianos poderiam ter um belo planeta. E assim foi. O primeiro a operar a máquina foi um dos ancestrais da Senhora Zofilka e, geração após geração, os filhos, netos, bisnetos e tataranetos iam recebendo por herança a tarefa de girar a manivela.

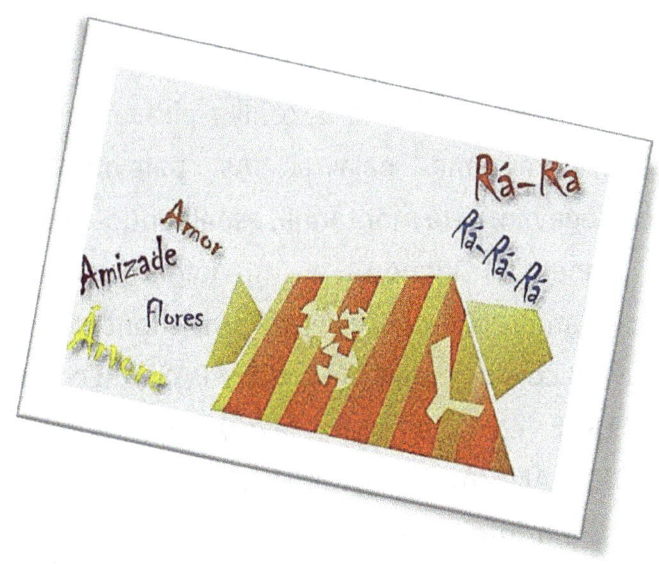

Sim, a manivela. Era assim que funcionava a máquina de fazer palavras. Na verdade, a máquina era toda feita de madeira, com umas engrenagens, correias, alavancas e, especialmente, uma manivela. A pessoa que a operava girava essa manivela e então, por um orifício na parte da frente da máquina, saía uma palavra. Mas isso não acontecia sempre, porque a máquina era movida a sorrisos e é por isso que o pequeno Zorilexicom foi construído ali, no alto da montanha mais alta, de modo que cada vez que um zorenkiano sorria o som chegava até lá. Era nesse momento que a Senhora Zofilka girava a manivela produzindo uma palavra. As palavras criadas escorregavam pela montanha, espalhando-se por todo o planeta. Quando a máquina estava em funcionamento podia-se ver rolando montanha abaixo palavras-coisa, como FLORES, PÁSSAROS, BRISA, PERFUME e, também, palavras-sentimento, como AMOR, AMIZADE, CARINHO... Dessa forma o planetinha inteiro seguia feliz. Mas um dia as coisas começaram a mudar.

Um líder

Zenkot foi o único zorenkiano que resolveu estudar fora. Foi completar os estudos no distante planeta Forosk. Todos sabiam que os foroskianos eram orgulhosos e se diziam mais adiantados do que os seus vizinhos do sistema. Mesmo assim, Zenkot decidiu estudar lá. O problema começou quando ele voltou para Zorenk. Ele estava tão diferente que começou a encontrar defeito em tudo. Dizia que o planetinha era muito atrasado, que ninguém precisava de tantas flores e árvores e pássaros quanto havia lá. Também implicava afirmando que as conversas dos zorenkianos eram bobas e que essa coisa de "com licença", "por favor" e "obrigado" estavam fora de moda há muito tempo nos planetas mais adiantados. O mais grave é que os habitantes do planetinha formoso começaram a dar ouvidos àquela conversa e acharam que Zenkot tinha razão, afinal ele estudara em Forosk, o planeta mais rico do sistema.

Zenkot logo se tornou o primeiro e único líder do planeta e como ato de liderança número um decidiu aposentar a Senhora Zofilka e a velha máquina de fazer palavras.

A máquina nova

A notícia deixou a Senhora Zofilka muito triste. Pela primeira vez em muitos e muitos anos a manivela da máquina de fazer palavras não seria movimentada. O bilhete de aposentadoria chegou ao Zorilexicom junto com uma máquina nova, que era bem maior do que a antiga e ocupava quase todo o recinto. Tão monstruosa que a pobrezinha da máquina antiga teve que ser colocada em um cantinho, bem escondida, sob uma das janelas. A Senhora Zofilka poderia ir embora para sempre, porque aquela máquina nova funcionava sozinha: bastava apertar o botão vermelho uma só vez e pronto, palavras novas jorrariam sem parar.

- Eu gostava tanto de você... – disse a Senhora Zofilka antes de sair, acariciando carinhosamente a máquina de madeira. – acho que vou sentir saudades.

A máquina antiga também sentiria saudades, mas ao seu modo de máquina. Oculta no cantinho sob a janela, se pudesse, a pobre máquina também choraria.

O progresso

Zenkot estava satisfeito, assim como a maioria dos zorenkianos. Depois que a nova máquina de fazer palavras começou a funcionar, o progresso do planetinha era visível. Aliás, a própria palavra PROGRESSO tinha saído da máquina nova, assim como RODOVIA, TELECOMUNICAÇÃO EDIFÍCIO, FINANÇAS, entre outras. Cada zorenkiano buscava agora essas outras palavras, as novas. Não se sentiam mais atrasados em relação aos habitantes de Forosk. Agora eles tinham ENTRETENIMENTO, CONSUMO, TECNOLOGIA, da mesma forma que os seus vizinhos distantes. Viviam andando pelos ZOPPING-CENTER exibindo os seus CELULARES com quatro ZIPS 3J e levando as crianças para comer um ZORI-SANDUÍCHE-ALEGRE.

Como um bom líder, Zenkot ficou feliz quando a máquina criou a palavra INDÚSTRIA, porque assim os zorenkianos poderiam trabalhar e ganhar mais daquela outra palavra criada pela máquina, DINHEIRO, e assim conseguiriam comprar mais dessas coisas que eram necessárias para se fazerem evoluídos. Coisas que a própria máquina criava. Coisas como JÓIAS, JET-SKI, NOTEBOOK, VIDEOGAME, CAVIAR, entre outras.

Os zorenkianos estavam muito satisfeitos com a liderança de Zenkot e desejavam ser como ele, tão inteligente e evoluído. Foi de modo natural que, certo dia, a máquina nova criou a palavra IMPÉRIO e como decorrência dela, IMPERADOR. Os habitantes logo decidiram que apenas um entre eles poderia ser digno dessa palavra, apenas Zenkot, o primeiro e único Imperador de Zorenk.

O Imperador era feliz porque via os seus súditos esquecendo pouco a pouco daquelas bobeiras do passado. Todos agora tinham um só objetivo, o progresso. O planeta evoluía, sem dúvida, mas também se transformava. E quem reparou nisso, antes que os demais, foi a Senhora Zofilka.

O planeta transformado

Zorenk já não era o mesmo. Mudara. Mas quase ninguém percebia que mudara para pior. Quase não havia mais flores, nem árvores, nem pássaros. Os zorenkianos mal se falavam e, nas raras vezes em que se encontravam na rua, o diálogo era sonso, fútil e apressado:

- Senhor Zentrok, já comprou o novo Zorlgame para a pequena Zudilk?

- Sim, dona Zumink, mas com licença, porque estou atrasado para comprar o novo Zovídeo 3D que acabou de ser criado.

- Oh, senhor Zentrok. Ainda não tem? Já comprei o meu hoje de manhã...

Com toda essa pressa, quase ninguém reparou nas mudanças radicais que aconteciam dia após dia. Quase ninguém, porque a Senhora Zofilka, olhando pela sua janela, via que a cada novo amanhecer menos pássaros cruzavam o céu e que o céu

amanhecia cada vez menos azul. As plantas desapareciam, assim como os sorrisos, as gentilezas e a alegria característica daquele planeta.

- O que estará acontecendo?

Perguntava a pobre senhora aposentada, desconfiando que a tal nova máquina de fazer palavras tivesse alguma culpa naquilo tudo. Cansada de ver que a situação piorava a cada dia, numa certa manhã resolveu investigar. Vestiu o seu casaco de lã, tricotado por ela mesma, e subiu a montanha.

A revelação

A Senhora Zofilka teve um pouco de medo. Aquela máquina monstruosa trabalhando sozinha dentro do Zorilexicom dava a impressão de algo maligno. Ninguém sabia ao certo como ela funcionava. Era comum dizer que nem mesmo Zenkot, o mais instruído de todos os zorenkianos, sabia dizer como aquele amontoado de peças metálicas, lâmpadas e botões funcionava. Falavam que ele apenas trouxera a máquina do planeta vizinho, dizendo que o progresso de Zorenk dependia do seu funcionamento.

Com muito cuidado, como se a máquina pudesse ouvir, a Senhora Zofilka entrou e viu a cena mais assustadora que jamais poderia imaginar: viu como a máquina funcionava. Aquele aparelho assustador possuía duas aberturas, uma na frente e outra atrás. Pela de trás, apontada para a janela, era por onde saíam as palavras recém-criadas. Mas o que fez a pobre senhora aposentada perder o fôlego foi o que entrava pela abertura da frente. Estava provado agora que a máquina nova era mesmo a responsável por toda a mudança que estava acontecendo no planeta, porque era pela abertura da frente que entrava o combustível da máquina. E esse

combustível não era nada mais nada menos do que as palavras que a máquina antiga tinha criado!

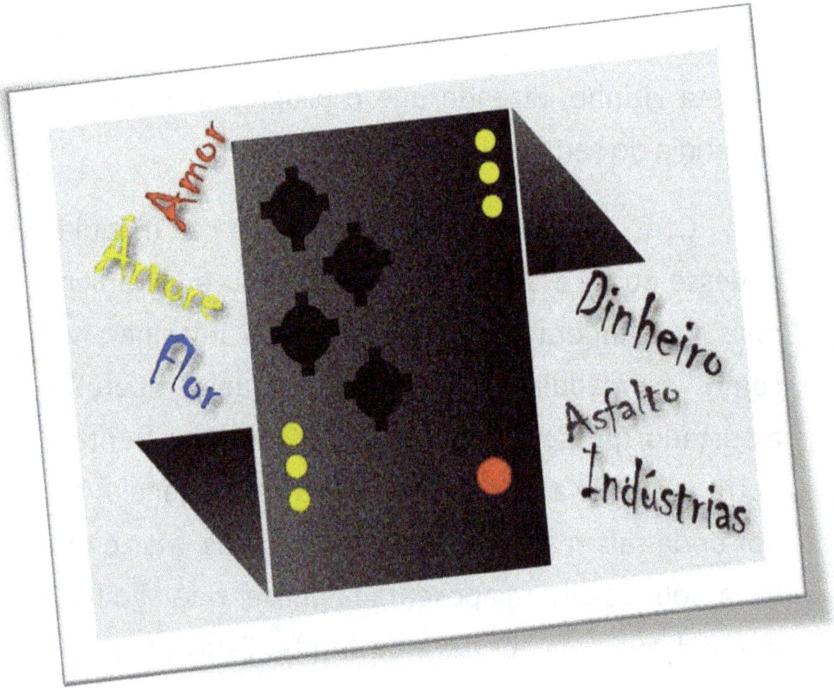

A revolução

Aquela revelação fez a senhora Zofilka decidir que a máquina nova deveria ser destruída, pois do contrário, em pouco tempo, todas as palavras antigas seriam consumidas por aquele monstro de aço e, no futuro, todos em Zorenk teriam se esquecido das FLORES, PÁSSAROS, ÁRVORES, nem mais se lembrariam dos SORRISOS, ALEGRIA e FELICIDADE, porque essas palavras teriam desaparecido para sempre.

Sacou uma caneta, a única arma que trazia com ela, para colocar entre as engrenagens da máquina e tentar interromper o seu funcionamento. Quando chegou perto do painel lateral, por onde eram vistas as polias e engrenagens, percebeu que não estava sozinha. Zenkot surgiu na porta. Tinha seguido a pobre Senhora Zofilka, porque sempre desconfiou dela.

- Bravos, Senhora Zofilka! Finalmente entendeu como a máquina funciona...

- Então você sempre soube?

Zenkot sorriu ironicamente. Se ele sabia? É claro que sim! Sabia desde o princípio, mas fingia que o funcionamento da máquina era um mistério para ele também. Assim ninguém o incomodaria pedindo que revelasse o segredo. Ficar calado era uma boa forma de manter o respeito entre os súditos. Quanto menos informação eles tivessem, melhor para o Império.

- O sacrifício de algumas palavras bobas e fora de moda não é nada, se comparado com o progresso do nosso planeta, não acha, Senhora Zofilka?

A aposentada não concordava. Nenhum progresso era mais importante do que as coisas que faziam de Zorenk o planeta mais formoso do sistema Ôntix.

- A máquina deve parar! - Afirmou ela, seguindo com a caneta na direção das engrenagens.

- Não! Não faça isso! O progresso, o progresso!

Zenkot agarrou o braço da pobre senhora. Os dois caíram no chão e uma luta foi iniciada. Um rolava por cima do outro, até que finalmente a Senhora Zofilka conseguiu se levantar para interromper o funcionamento da máquina. Mas Zenkot era rápido.

Ele pulou do chão, como um leão furioso, querendo atacar a velha senhora. Por sorte, a Senhora Zofilka foi ágil também. Abaixou-se bem no momento do pulo de Zenkot, que foi direto na direção da máquina, desaparecendo dentro dela, sugado pela abertura da frente.

A máquina nova desmontou-se inteira e parou de funcionar.

A paz, afinal

Assim que a máquina nova parou de funcionar, a Senhora Zofilka procurou por Zenkot no meio das peças, espalhadas pelo chão. Nada, nem um vestígio. Provavelmente a máquina tinha feito o imperador se transformar em alguma coisa diferente, uma palavra talvez? Pensando nisso, ela olhou pela janela e consegui ver rolando ao longe a última palavra criada pela máquina: LIBERDADE.

A Senhora Zofilka tratou logo de reassumir o seu antigo posto e, com muito prazer, desejou girar a manivela da máquina de madeira. Tirou-a do cantinho escondido e a colocou sobre os destroços metálicos da outra. Poucas eram as palavras que saíam da máquina no começo, porque os habitantes quase não sorriam mais. No entanto, as crianças zorekianas tiveram um papel importante para que a felicidade verdadeira voltasse ao planeta.

Quebrada e sem vida, a máquina de metal não criava mais palavras novas como ZORIGAME, VIRTUAL-ZORIK ou GUITAR-ZIROK e as crianças começaram a se cansar dos brinquedos tecnológicos de sempre. Já não queriam ficar em casa e saíam para brincar nas praças. Lá elas se encontravam e lembravam de quanto era divertido brincar ao ar livre, com outras crianças de verdade. Lá elas sorriam muito. E esses sorrisos foram o primeiro combustível para que começassem a brotar

novamente as palavras antigas da máquina de madeira. Desciam cheias de vida pela montanha palavras como PÁSSAROS, ÁRVORES, FLORES, AMIZADE, GENTILEZA...

Por mais estranho que possa parecer, ninguém percebeu a ausência do Imperador Zenkot. Todos

estavam tão felizes redescobrindo aquelas palavras simples de antigamente que nem tinham tempo para pensar no mais instruído dos zorenkianos.

Infelizmente, nem a Senhora Zofilka, nem a máquina de madeira tinham o poder para destruir as palavras criadas pela outra máquina. As palavras de progresso estavam lá, espalhadas pelo planeta. Mas com o tempo foram caindo em desuso e algumas até desapareceram.

- Pai, o que é Imperador? – Perguntava a pequena Zudilk.

- Senhor Zentrok, não vai responder?

- Dona Zumink, essa é uma palavra tão antiga, tão sem importância, que eu nem me lembro mais o que significa...

E todos eles sorriam. Juntos e felizes, sorriam.

fIM

Sou da Mamãe

São Paulo
2022

www.ingramcontent.com/pod-product-compliance
Lightning Source LLC
LaVergne TN
LVHW010359160826
845677LV00005BA/1315

* 9 7 8 6 5 9 9 7 7 1 8 1 1 *